VeGeTabLE

我的一亩三分地

钟 茗 李 姝 著

如今，我也想拥有自己的一亩三分地，里面长满土豆、黄瓜、番茄，还撒下那不知名的种子，过着像孟浩然那样“开轩面场圃，把酒话桑麻”的隐逸生活，在辛勤劳作后，体味收获的幸福。

摄 影：钟 茗 康 鸣 黄宣钦
文字/摄影助理：高 潞 邓 林 王 锋

重庆大学出版社

图书在版编目(CIP)数据

我的一亩三分地／钟茗，李姝著.—重庆：重庆大学出版社，2013.8（2016.6重印）
(惠民小书屋．我爱自然系列)
ISBN 978-7-5624-7348-0

Ⅰ.①我… Ⅱ．①钟… ②李… Ⅲ．①蔬菜—基本知识 Ⅳ．①S63

中国版本图书馆CIP数据核字(2013)第083875号

我的一亩三分地

钟 茗 李 姝 著

策划编辑：梁 涛

摄　　影：钟 茗 康 鸣 黄宣钦
文字/摄影助理：高 潞 邓 林 王 锋
责任编辑：梁 涛 皮 胜　　版式设计：周 娟 钟 琛
责任校对：刘雯娜　　责任印刷：张 策

*

重庆大学出版社出版发行
出版人：易树平
社址：重庆市沙坪坝区大学城西路21号
邮编：401331
电话：(023) 88617190 88617185（中小学）
传真：(023) 88617186 88617166
网址：http://www.cqup.com.cn
邮箱：fxk@cqup.com.cn（营销中心）
全国新华书店经销
重庆市川渝彩色印务有限公司印刷

*

开本：787mm×960mm 1/16 印张：5 字数：65千
2013年8月第1版　2016年6月第5次印刷
ISBN 978-7-5624-7348-0 定价：25.00元

我的一亩三分地

今天风很大，天却很蓝。

早上上班路过小菜场，看见小贩正把新鲜的蔬菜干干净净地摆在路边。翠绿的芦笋，绛红的香椿芽，还有红得妖艳的小萝卜配上翠绿的缨子，各自扎着堆儿，那么好看。想象着把这些美好的食材细细加工，烹成一桌精细的菜肴，想必春天的味道也不过如此了。

想起了家乡，母亲的菜园，那里种过南瓜，种过西红柿，还有茄子、芹菜、四季豆。一年下来，小小的几分地满满地充盈着旺盛。小时候，我们总会看到大豆摇动着豆荚，看到莴苣嫩绿得发油，豇豆腼腆地垂挂着长长的辫子；我们会看到蜻蜓在萝卜缨子上像一个小巧的风筝，看到蚱蜢的长须拂过小白菜的脸，看到蜜蜂躲在油菜的花蕊里誓死不出，看到蝴蝶轻盈地飞去亲吻豌豆姑娘发髻上的小花；我们也会看到蜘蛛的小白网一次次地被风吹散，一次次地被锄头捣破，又一次次地重新织好等待那一只只的水蚊子自动撞上门。春来冬去，母亲的菜园子这个不同于凡尘的世界就这样有趣地组合着，变化着，消逝着或新生着。

如今，我也想拥有自己的一亩三分地，里面长满土豆、黄瓜、番茄，还撒下那不知名的种子，过着像孟浩然那样“开轩面场圃，把酒话桑麻”的隐逸生活，在辛勤劳作后，体味收获的幸福。但身居城市高楼之中，拥有一块自己的菜地只能是在想象之中了。然而今天，当这本充溢乡野朴素之美的小册子展现在我面前时，我似乎已经看到了记忆中的一亩三分地，并渴望与您一同分享这收获的果实。

>> 目 录

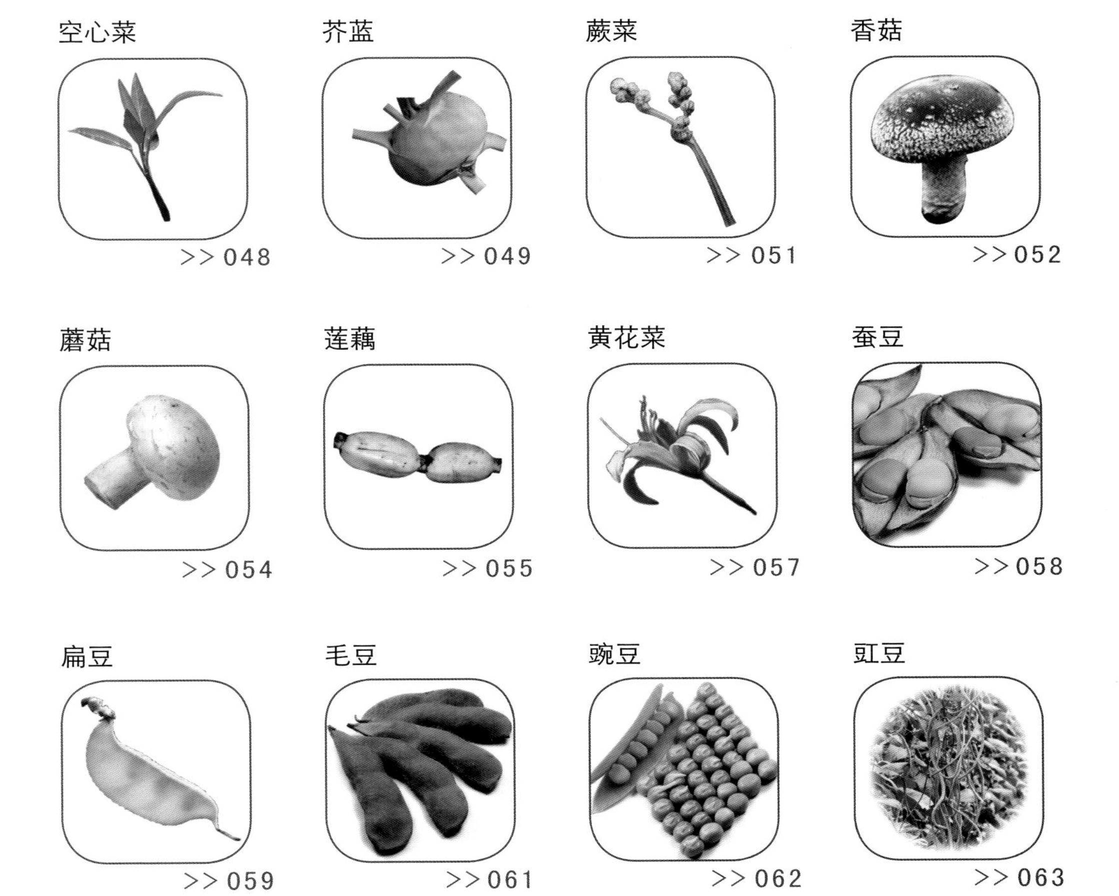

番茄

“脸圆像苹果，甜酸营养多，既能做菜吃，又可当水果”，一语道尽番茄的形状、口感、功能。番茄，又名西红柿，属茄科番茄属一年生草本，原产于南美洲，由于枝叶上长满茸毛，且分泌出的汁液散发出奇怪的味道，因此当时被称作“狼桃”。印第安人把它看成是一种有毒的植物。16世纪，英国一位公爵将“狼桃”作为珍贵的礼品奉献给他的情人，因此番茄还叫“情果”。又过了200年，一位法国画家冒着可能“死掉”的危险，品尝番茄，感觉味道可口，后经他的宣传，番茄才走进千家万户。现我国普遍栽培番茄，一般冬春于保护地育苗，以春季栽培为主，冬季温室栽培。根

• 番茄

• 番茄

系分布深广，根群分布在表土层20～30 cm，横向伸展1 m左右。茎高60～120 cm，直立或半直立，一般支架栽培。浆果食用部分为果皮及胎座组织，具2～6室，呈扁卵圆形，具灰白色茸毛。番茄果实营养丰富，含多种维生素，可生、熟两吃，亦可制成罐头食品。我们常见的番茄酱就是由新鲜的成熟番茄去皮籽磨制而成。但需注意的是不可以空腹大量食用，因为番茄中含有较多的胶质、果质、柿胶酚等成分，易与胃酸结合生成块状结石，造成胃部胀痛。吃番茄的时候，最好不要把皮去掉，因为番茄的皮中也含有维生素、矿物质和膳食纤维。

● 樱桃番茄

黄瓜

黄瓜最初叫“胡瓜”，因为它是西汉时从西域引进的。李时珍说：“张骞使西域得种，故名胡瓜。”黄瓜是葫芦科黄瓜属一年生蔓生或攀援草本植物，种植广泛，是世界性蔬菜。黄瓜的果实为假果，是子房下陷于花托之中，由子房与花托合并形成的。果面平滑或有棱、瘤、刺。果形为筒形至长棒状。黄瓜种子扁平，长椭圆形，种皮浅黄色。嫩果作蔬菜食用，果肉可生食。黄瓜的含水量为96%～98%，脆嫩清香，味道鲜美，含有一定的维生素，是一味可以美容的瓜菜，被称为“厨房里的美容剂”。口感上，黄瓜肉质脆嫩、汁多味甘、芳香可口；营养上，它含有蛋白质、脂肪、多种维

• 黄瓜

生素以及钙、铁等丰富的成分，常吃黄瓜可以减肥和预防冠心病的发生，同时具有抗肿瘤、抗衰老、降血糖等功效。经常食用或贴在皮肤上可有效地对抗皮肤老化，减少皱纹的产生，并可防治唇炎、口角炎。黄瓜的吃法很多，如拍黄瓜、炝黄瓜皮、酸辣黄瓜等。黄瓜也可和杂酱面同食，或者做汤或热菜。另外，黄瓜可切丝做菜码和用作拼盘、菜肴的雕刻及装饰材料。热菜多用于炒、熘等菜的配料，也做瓤菜，或用于汆汤，吃入口中脆酥嫩爽。又常用作酸渍、酱浸、腌制菜品原料。需要注意的是黄瓜当水果生吃时，不宜过多。黄瓜中维生素较少，因此吃黄瓜时应同时吃些其他的蔬果。

● 黄瓜（上图）● 黄瓜花（下图）

青椒 

青椒的别名很多，大椒、灯笼椒、柿子椒都是它的名字，因能结甜味浆果，又叫甜椒、菜椒。青椒是一种茄科辣椒属一年生或多年生草本植物，由原产于中南美洲热带地区的辣椒在北美演化而来，经长期栽培驯化和人工选择，使果实发生体积增大、果肉变厚、辣味消失和心皮及子房腔数增多等性状变化。中国于100多年前引入，现全国各地普遍栽培。青椒的特点是果实较大，辣味较淡甚至根本不辣，做蔬菜食用而不作为调味料。由于它翠绿鲜艳，新培育出来的品种还有红、黄、紫等多种颜色，因此不但能自成一菜，还被广泛用于配菜。青椒果肉厚而脆嫩，含有维生素C、胡萝卜素等丰富的营养源。长势中等，结果性强，生长期为10—12月。与普通大椒相比，具有较高的含糖量和维生素C，非常适合生吃，可凉拌、炒食、做馅，可盐渍、制蜜饯或加工成甜椒罐头。常见的菜肴有：青椒炒肉丝、虎皮青椒等。需要注意的是：青椒独特的造型与生长态势，导致喷洒过的农药都积累在其凹陷的果蒂上，因此清洗时应先去蒂。此外，眼疾患者、食管炎、胃肠炎、胃溃疡、痔疮患者应少吃或忌食；同时有火热病症或阴虚火旺、高血压、肺结核病的人慎食。

• 青椒

彩椒

丝瓜

丝瓜又名天丝瓜、天罗，是葫芦科丝瓜属一年生草质攀缘藤本。起源于亚洲，分布于亚洲、大洋洲、非洲和美洲的热带和亚热带地区，2 000年前印度已有栽培，6世纪初传入中国，现各地均有栽培，成为人们常吃的蔬菜。丝瓜喜欢较高的温度，耐热，抗逆能力强。丝瓜根系强大，茎蔓性，五棱，绿色，主蔓和侧蔓生长都繁茂，茎节具分枝卷须，易生不定根。普通丝瓜的果实呈短圆柱形或长棒形，长可达20～100 cm或以上，横径3～10 cm，无棱，表面粗糙并有数条墨绿色纵沟。全生育期90～150 d，其中发芽期5～7d，幼苗期15～25 d，抽蔓期10 d左右，开花结果期60～100 d。枝具

• 丝瓜

棱，光滑或棱上有粗毛，有卷须。丝瓜成熟后逐渐干燥，种子周围的部分仍由纤维支撑而形成空洞。此时果实末端可以像盖子一样打开，随风飘动，种子借离心力散出。一般在7—9月，果实中的纤维尚未发达成熟，此时可作为蔬菜食用，之后果实成熟形成的丝瓜络可以用来刷碗、洗澡。丝瓜的药用价值最高，丝瓜络是我国重要的中药材及加工沐浴用品的原料，丝瓜的根、茎、叶、花、果实、种子均可入药，具有清热化痰、凉血解毒、解暑除烦、通经活络等功效。丝瓜味道清香爽脆，可炒吃、烧食或汤食，也可用沸水焯一下，拌入香油、酱油、白醋等调料凉拌食用。需要注意的是丝瓜性寒滑，多食易致泄泻，不可生食，脾胃虚寒、腹泻者不宜食。

• 丝瓜

南瓜

• 南瓜

南瓜因产地不同而叫法各异，又名麦瓜、番瓜、倭瓜、金冬瓜等，台湾话称为金瓜，为葫芦科南瓜属一年生草本蔓生双子叶植物，原产于亚洲南部，现在我国各地都有栽种。南瓜适应性强，茎长达数米，节处生根，花冠裂片大，黄色，果形不一，有长圆、扁圆或长颈状等，果面平滑或有瘤，老熟后呈赤褐、黄褐或赭色。表面有白粉，嫩瓜可做蔬菜，味甘适口，是夏秋季节的瓜菜之一；老瓜可做饲料或杂粮，种子含油，可食用，种子和瓜蒂常入药，能驱虫、健脾、下乳。在西方，南瓜常用来做成南瓜派，即南瓜甜饼，南瓜子可以做零食。南瓜不仅有较高的食用价值，而且有着不可忽视的食疗作用。据《滇南本草》载：南瓜性温，味甘无毒，入脾、胃二经，能润肺益气，化痰排脓，驱虫解毒，治咳止喘，疗肺痈与便秘，并有利尿、美容等作用。因此，在国际上它已被视为特效保健蔬菜。需要注意的是南瓜性温，偏壅滞，气滞中满者慎食。我国江南地区，每逢立春，家家吃南瓜，以示迎春。一些文人雅士在快要成熟的小巧“桃南瓜”表皮刻上诗文或图案，随着瓜的成熟，瓜皮上便留下了美丽的图画和诗文，把它搁置于案头，可增添生活情趣。在西方许多国家，每年10月31日的万圣节上，人们用南瓜制作出一盏盏精美的南瓜灯，用它来祛邪避鬼，欢度节日。

• 南瓜

茄子

● 茄子

茄子，江浙人称之为落苏，广东人称之为矮瓜，为茄科茄属热带多年生灌木状草本植物，原产于东南亚、印度。茄子适应性强，喜温作物，较耐高温，结果的适宜温度为25～30 ℃。生长结果期长，高产稳产，是夏、秋季主要蔬菜。茄子植株高大，有“茄树”之称，高0.6～1 m。根系发达，深1.3～1.7 m，横向伸长达1.2 m，但主根多分布于0.3 m以内的土层中，吸收力强，较耐旱。果实为浆果，形状有长、圆、卵圆等。果皮紫色、白色或绿色。茄子营养丰富，含有蛋白质、脂肪、碳水化合物、维生素以及钙、磷、铁等多种营养成分。特别是维生素P的含量很高。每100 g中即含维生素P 750 mg，这是许多蔬菜水果望尘莫及的。茄子是传统的蔬菜品种，食用方法多样，炒、烧、煎、蒸、拌、炝皆可。传统菜肴有：蒜泥拌茄子、酱爆茄子、肉片烧茄子、油焖糖醋茄子、鱼香茄子、椒盐茄饼、油焖茄子等。地方名菜有北京的“炒茄丝”、山西的“酱包茄子”、湖南的“怪味茄子”、广东的“鲳鱼煮茄”等。吃茄子建议不要去皮，它的价值就在皮里面，茄子皮里面含有丰富的维生素B。常吃茄子，有助于防治高血压、冠心病、动脉硬化，同时具有保护心血管、抗坏血酸，防治胃癌、抗衰老等功效。需要注意的是茄子属寒凉性质的食物。因此夏天食用，有助于清热解暑，对于容易长痱子、生疮疖的人尤为适宜。消化不良、容易腹泻的人则不宜多食。

• 茄子

冬瓜

• 冬瓜

冬瓜又名白瓜、水芝、地芝、枕瓜、濮瓜、白冬瓜、东瓜，主要产于夏季，取名为冬瓜是因为瓜熟之际，表面上有一层白粉状的东西，就像是冬天所结的白霜。也是这个原因，冬瓜又称白瓜，为葫芦科冬瓜属一年生攀缘草本植物，原产于我国南部及印度，我国各地均有栽培，夏末秋初果实成熟时采摘。关于冬瓜之名，传说为神农爱民如子，培育了“四方瓜”，即东瓜、南瓜、西瓜、北瓜，并命令它们各奔所封的地方安心落户，造福于民。结果，南、西、北瓜各自都到受封的地方去了，唯有东瓜不服从分配，说东方海风大，生活不习惯。神农只好让它换个地方，西方它嫌沙多，北方它怕冷，南方它惧热，最后还是去了东方。神农氏看到东瓜回心转意

了，便高兴地说："东瓜，东瓜，东方为家。"东瓜立即答道："是冬瓜不是东瓜，处处都是我的家。"神农氏说："冬天无瓜，你喜欢叫冬瓜，愿意四海为家，就叫冬瓜吧。"冬瓜根系强大，须根发达，深度50～100 cm，宽度150～200 cm，根系吸收能力强，容易产生不定根。冬瓜果实为瓠果，绿色，被茸毛，茸毛随着果实成熟逐渐减少。冬瓜果实大小因品种的不同而有很大差异；形状也各式各样，有扁圆形、短圆柱形与长圆柱形。冬瓜与其他蔬菜不同的是，不含脂肪，含钠量极低，有利尿排汗的功效，因此被誉为减肥美容的佳品，也是糖尿病及高血压患者的理想佳蔬。挑选冬瓜时用指甲掐一下，皮较硬，肉质致密，种子已成熟变成黄褐色的冬瓜口感好。常见的菜肴有冬瓜炒蒜苗、冬瓜虾仁等。需要注意的是，冬瓜性寒凉，脾胃虚寒易泄泻者慎用，久病与阳虚肢冷者忌食。

● 冬瓜

苦瓜

"人讲苦瓜苦，我说苦瓜甜，甘苦任君择，不苦哪有甜。"苦瓜也称凉瓜、癞瓜，属葫芦科苦瓜属一年生攀缘性草本植物，原产于东印度热带地区，我国各地均有栽培，两广、福建盛产。苦瓜根系发达，侧根较多，根群分布范围在1.3 m以上，茎为蔓性，果实为浆果，表面有很多瘤状突起，果形有纺锤形、短圆锥形、长圆锥形等。皮色有绿色、绿白色和浓绿色，成熟时为橘黄色，果肉开裂，露出种子，种子盾形、扁、淡黄色。苦瓜肉质脆嫩，苦味适中，清香可口，炒食、煮食、焖食、凉拌、泡菜、饮料均可。苦瓜具有特殊的苦味，但仍然受到大众的喜爱，这不单纯因为它的口味特殊，还因为它具有一般蔬菜无法比拟的神奇作用，在医药上有增进食欲、明目、助消化、清凉解毒、利尿和治疗毒尿病等疗效。苦瓜有一种“不传己苦与他物”的特点，就是与任何菜如鱼、肉等同炒同煮，绝不会把苦味传给对方，因此有人说苦瓜“有君子之德，有君子之功”，誉之为“君子菜”。常见菜肴如“凉瓜炒田鸡”“凉瓜排骨”“酿凉瓜”，皆滋味隽永。需要注意的是苦瓜含奎宁，会刺激子宫收缩，引起流产，孕妇慎食。

• 苦瓜

• 苦瓜

葫芦

葫芦又称“蒲芦”，谐音为“福禄”，为葫芦科葫芦属一年生蔓藤性草本植物，我国栽培葫芦也已经有了2 000多年的历史。在它的生长旺盛、活跃期，从其茎节中伸展出的枝条一天可生长20 cm。葫芦根扎得比较浅，多数为5 cm，最深为40 cm左右。根系向平面伸展，伸展的长度与蔓藤的长度大致相同。葫芦的花多是白色的，很少的品种开黄花。葫芦的果实在开花后10 d左右开始变大，30 d左右生长到顶峰。完全成熟的中至小形葫芦一般需要50 d，大葫芦则为70 d。葫芦的吃法很多，元代王祯《农书》说：“匏之为用甚广，大者可煮作素羹，可和肉煮作荤羹，可蜜煎作果，可削条作干……”又说：“瓠之为物也，累然而生，食之无穷，烹饪咸宜，最为佳蔬。”可见古人是把葫芦作为瓜果菜蔬食用的，而且吃法

• 葫芦

多种多样，既可烧汤，又可做菜，既能腌制，也能干晒。烧汤清香四溢，其味鲜美。与其他瓜果不同的是，不论葫芦还是它的叶子，都要在嫩时食用，否则成熟后便失去了食用价值。果实老熟后经一定处理可做容器。在古代，葫芦也是制作乐器的重要原材料。除了笙、竽等簧管乐器外，葫芦还可以做弦乐器或弹拨乐器的共鸣箱。葫芦作为日常用具，其用途也是多方面的。葫芦开口做成各种形状的器具使用，最常见的是用来装水或装酒的水壶或酒壶，也可用来舀水、淘米、舀面、盛东西等。在古代，葫芦还被用来盛药，它保存药物确实比其他的容器如铁盒、陶罐、木箱等更好，因为它有很强的密封性能，潮气不易进入，容易保持药物的干燥，不致损坏变质。葫芦除了能盛药，本身也可为药。葫芦味甘，性平滑无毒，其蔓、须、叶、花、子、壳均可入药，医治多种疾病。尤以葫芦壳的药用价值最高，用于消热解毒、润肺利便。越是陈年的葫芦壳，疗效越好。

● 葫芦

花菜

花菜也称番芥蓝、菜花、花椰菜、椰菜花，为十字花科甘蓝属植物，以巨大花蕾供食。在德国生物学家科赫发现结核菌前后，肺结核曾大量流行，欧洲人便用花菜汁制成治疗咳喘的药物，便宜而

● 花菜

有效，被称为“穷人的医生”。19世纪中期，花菜由英国传入我国福建省，然后传入浙江、上海和广东等地，在我国东南沿海地区种植较多。花菜分白色和绿色两种，北京称“菜花”，但易与油菜花混淆，故称花菜为妥。花菜性平味甘，有强肾壮骨、补脑填髓、健脾养胃、清肺润喉作用，适用于先天和后天不足、久病虚损、腰膝酸软、脾胃虚弱、咳嗽失音者。花菜营养丰富，质体肥厚，蛋白、微量元素、胡萝卜素含量均丰富，每100 g花菜含蛋白2.4 g、维生素C 88 mg，分别是北京大白菜的2.2倍和4.6倍，被誉为防癌、抗癌的保健佳品。花菜质地细嫩，清甜爽脆，含纤维质较少，味甘鲜美，食后易于消化。常用的烹调方法是采用焯水或划油的方法断生，然后再入锅调味，迅速出锅，以保其清香脆嫩。除炒的方法外，还适宜于多种烹调方法，也可以做汤菜，荤素皆宜，如花菜炒腊肉、咖喱花菜、鲜笋辣花菜等。需要注意的是花菜烹饪时爆炒时

间不可过长，也不耐高温长时间处理，以防养分丢失及变软影响口感，不如热水短时焯过之后加调料食用。一般不主张花菜与黄瓜同炒同炖，黄瓜中含有维生素C分解酶，容易破坏花菜中的维生素C。

蛇瓜

蛇瓜又名蛇豆、蛇丝瓜、大豆角等，为葫芦科栝楼属一年生攀缘性草本植物，因其形态似蛇，因此取名为蛇瓜，原产于印度、马来西亚，广泛分布于东南亚各国和澳大利亚，在西非、美洲热带和加勒比海等地也有栽培，中国只有零星栽培，近年来山东省青岛地区种植较多。蛇瓜茎蔓纤细，茎横切面呈五角形，叶密生绒毛，掌状3～7裂，同株雌雄异花，花瓣白色，5裂或6裂，雌花之花托肥大，酷似一条扭曲的小蛇瓜，果实两端渐尖细，长30～160 cm。蛇瓜自瓜柄开始有数条绿色线纹，瓜体有的垂直，有的弓身，有的弯曲，有的卷尾，酷似一条条长蛇在棚架下展姿。在嫩瓜期，瓜体表面有白绿色相间的条纹似白花蛇，老熟后的瓜体表面又呈现红绿色相间的条纹似红花蛇，体态各异，栩栩如生，稀奇而美观。如果栽培得当，每株可结多条瓜，举目望去，一条条蛇状长瓜从棚架上垂落下来，极具南国情趣，具有较高的观赏价值。嫩瓜含丰富的碳水化合物、维生素和矿物质，生吃时皮有特殊臭

• 蛇瓜

• 蛇瓜

味，肉无臭味，但煮熟后臭味消失。蛇瓜以嫩果实为蔬，但嫩叶和嫩茎也可食，嫩蛇瓜可切片素炒，也可与肉同炒或做汤，清香可口。嫩瓜含丰富的碳水化合物、维生素和矿物质，肉质松软，有一种轻微的臭味，但是煮熟以后则变为香味，微甘甜。蛇瓜性凉，入肺、胃、大肠经，能清热化痰，润肺滑肠。常见菜肴有清炒蛇瓜、蜜蛇瓜等。

萝卜

小时候读儿童画报，看过一则拔萝卜的故事，一个比人还要大的萝卜，一群小朋友拼命地想办法把它从泥里拔出来。那幅画给我印象深刻，觉得那萝卜很诱人，心想："萝卜真的会长到那么大吗？"萝卜又名莱菔、芦菔，十字花科萝卜属草本植物，原产于临地中海的西亚、东南欧诸国。从西方传入中国的第一批萝卜就叫"莱菔"，也有人称其为"土人参"。冬日是萝卜的季节，不同品种的萝卜适合不同的做法，而同一萝卜的不同部位也各有妙处。萝卜根肉质，长圆形、球形或圆锥形，根皮绿色、白色、粉红色或紫

色。茎直立，粗壮，圆柱形，中空，自基部分枝。萝卜果实为角果，成熟后不开裂，每果有种子3～10粒。萝卜的品种繁多，有白皮、红皮、青皮、红心、白心以及圆形、长形等品种（不包括胡萝卜）。萝卜可生食、炒食、腌渍、干制，生用味辛性寒，因含淀粉酶，可助消化。生食根和种子内含有莱菔子素，有杀菌作用，熟用味甘性微凉。萝卜因其具有较高的营养价值和药用价值，在我国民间有“小人参”之美称，有“萝卜上市，医生没事”“萝卜进城，医生关门”“冬吃萝卜夏吃姜，不要医生开药方”之说。值得一提的是，人们在吃萝卜时习惯把萝卜皮剥掉，殊不知萝卜中所含的钙有98%在萝卜皮内，因此萝卜最好带皮吃。挑选萝卜要选择手感沉重、表皮光滑的，敲一下，感觉结实才是好萝卜，千万不要挑空心的。

• 萝卜

当然，萝卜虽好，但吃时也要注意：由于萝卜味辛甘，性寒，因此脾胃虚寒、进食不化，或体质虚弱者宜少食；萝卜破气，服人参、生熟地、何首乌等补药后不要食用，否则会影响药效。

● 红萝卜

芋头 

芋头又称青芋、芋艿等，是天南星科芋属多年生块茎植物，原产于印度，我国以珠江流域及台湾省种植最多，长江流域次之，其他省市也有种植。芋头性喜高温湿润，不耐旱，较耐阴，并具有水生植物的特性，水田或旱地均可栽培。芋头叶片盾形，叶柄长而肥大，绿色或紫红色；植株基部形成短缩茎，逐渐累积养分肥大成肉质球茎，称为“芋头”或“母芋”，球形、卵形、椭圆形或块状等；球状地下茎（块茎）可食用，亦可入药。芋头营养丰富，含有大量的淀粉、矿物质及维生素，既是蔬菜，又是粮食（在大洋洲诸岛是传统主要粮食），可熟食、干制或制粉，具有清热化痰、消肿止痛、润肠通便等药用价值。芋头的食用方法很多，煮、蒸、煨、烤、烧、炒、烩均可，软糯细腻，香甜适口，常见的菜肴有芋儿烧

• 芋头叶

● 芋头

鸡、红烧芋头等。芋头磨成芋粉可置平底锅油煎成薄饼，粤菜点心有芋头饺子和鸭脚扎，西饼有芋头蛋糕造的蛋糕饼基底。甜品又有芋头糕、芋头西米露、芋头雪糕等。需要注意的是生芋有小毒，食时必须熟透。

红薯 

红薯，不同地区人们对它的称呼也不同，山东人称其为地瓜，四川人称其为红苕，北京人称其为白薯，福建人称其为红薯。红薯为旋花科植物番薯的块根，原产于美洲，最初引入我国是在明朝万历年间。当时福建华侨陈振龙常到吕宋（现今菲律宾）经商，发现吕宋出产的红薯产量最高，于是他就耐心地向当地农民学习种植之法，后来经过陈氏家族的推广，在全国普遍栽种。红薯不仅是健康食品，还是祛病的良药，含有丰富的淀粉、膳食纤维、胡萝卜素、维生素（A、B、C、E）以及钾、铁、铜、硒、钙等10余种微量元素和亚油酸等，营养价值很高，被营养学家们称为营养最均衡的保健食品。红薯既可生食，又可蒸、煮、烤等食用，做红薯糖水（要加冰糖）能解酒。红薯为偏碱性食物，吃红薯有利于人体的酸碱平衡，同时吃红薯能降低血胆固醇，防止亚健康和心脑血管病等“现代病”。通常，人们大都以为吃红薯会使人发胖而不敢食用。其实恰恰相反，吃红薯不仅不会发胖，反而能够减肥、健美、防止亚健康、通便排毒。需要注意的是，吃红薯时一定要蒸熟煮透。食用红薯不宜过量，中医诊断中的湿阻脾胃、气滞食积者应慎食。

● 红薯

胡萝卜

“身穿红袍，头戴绿帽，坐在泥里，呆头呆脑。”胡萝卜总以这样的姿态出现在人们面前，其实它含有人们所需的丰富营养。胡萝卜又称红萝卜或甘荀，是伞形科胡萝卜属二年生草本植物，原产于亚洲西南部，13世纪，从伊朗引入中国，以肉质根作蔬菜食用。胡萝卜为三回羽状全裂叶，从生于短缩茎上。顶端各着生一复伞形花序。异花传粉。双悬果，肉质根有长筒、短筒、长圆锥及短圆锥等不同形状，黄、橙、橙红、紫等不同颜色。胡萝卜营养丰富，有

• 胡萝卜

治疗夜盲症、保护呼吸道和促进儿童生长等功能，此外还含较多的钙、磷、铁等矿物质，并有轻微而持续发汗的作用，可刺激皮肤的新陈代谢，增进血液循环，从而使皮肤细嫩光滑，肤色红润，对美容健肤有独到的作用。胡萝卜生食或熟食均可，还可腌制、酱渍、制干或做饲料，素有“小人参”之称。常见菜肴有凉拌胡萝卜、炒胡萝卜、干煸胡萝卜，还有胡萝卜汤的各种做法，是人们家常菜中经常使用的一种原料。需要注意的是脾胃虚寒者不可生食胡萝卜。

土豆 

土豆又称马铃薯、洋芋、洋山芋、山药、山药蛋、馍馍蛋、薯仔（香港、广州人的惯称）等。根据土豆的来源、性味和形态，人们给它取了许多有趣的名字：意大利——地豆；法国——地苹果；德国——地梨；美国——爱尔兰豆薯；俄国——荷兰薯。土豆为茄科茄属一年生草本，原产于南美洲安第斯山区的秘鲁和智利一带。16世纪中期，土豆被一个西班牙人从南美洲带到欧洲，那时人们总是欣赏它的花朵美丽，把它当作装饰品。后来一位法国农学家——安·奥巴曼奇在长期观察和亲身实践中，发现土豆不仅能吃，还可以做面包等。从此，法国农民便开始大面积种植土豆。19世纪初期，俄国彼得大帝游历欧洲时，以重金买了一袋土豆，种在宫廷花园里，后来逐渐发展到民间种植。土豆是重要的粮食、蔬菜兼用作物，一般用块茎繁殖，根系弱，分布浅。株高50～80 cm，直立或半直立生长，各节叶腋抽生分枝。早熟品种分枝少，迟熟品种分枝多，没入土下的主茎各节先发生葡匐茎，呈水平生长，长到一定时候即停止生长，顶端膨大成薯块即块茎。中国土豆的主产区是西南山区、西北、内蒙古和东北地区，其中以西南山区的播种面积最大，约占全国总面积的1/3，黑龙江省则是全国最大的土豆种植基地。土豆具有很高的营养价值和药用价值，比大米、面粉具有更多的优点，能供给人体大量的热能，被誉为“十全十美的食物”，人只靠土豆和全脂牛奶就足以维持生命和健康。土豆中的蛋白质比大豆还好，最接近动物蛋白，还含丰富的赖氨酸和色氨酸，这是一般粮食所不可比的，所含的钾可预防脑血管破裂，同时还有和胃、调中、健脾、益气的作用。常见的菜肴有西红柿土豆汤、青椒土豆丝、土豆烧小排等。需要注意的是发芽土豆容易导致中毒。

• 土豆

魔芋

被联合国卫生组织确定为十大保健食品之一的魔芋，又名磨芋、鬼芋、花莲杆等，为天南星科魔芋属植物的泛称，主要产于东半球热带、亚热带。我国早在2 000多年前就开始栽培魔芋了，食用历史也相当悠久。在我国西晋大文学家左思的名著《蜀都赋》中就有“以灰汁煮即成冻，以苦酒淹食，蜀人珍之”这样的记载。此外，相传很久以前，四川峨眉山的道士，用魔芋块茎淀粉生产的雪魔芋豆腐，色棕黄，其形酷似多孔海绵，味道鲜美，饶有风味，为峨眉山一珍品。后来，魔芋从中国传到日本，深受日本人喜爱，几乎每户每餐必食之，直到现在仍然是日本民间最受欢迎的风雅食品。魔芋的根为肉质弦状不定根，集中在球茎肩部发出，呈水平状分布在土表下10 cm处。地上部分早春萌发晚秋枯萎。球茎扁球形，皮褐色，顶端略凹，有个肥大的顶芽，基部有明显节痕，上部节痕虽不明显，但每节有1个肥大突起的芽，这些侧芽能形成子球茎，或长成匍匐茎，其顶端或中部发出新球茎，大如指头，魔芋是有益的碱性食品。对食用动物性酸性食品过多的人，搭配吃魔芋，可以达到食品酸碱平衡，对人体健康有利。魔芋食品不仅味道鲜美，口感宜人，而且有减肥健身、治病抗癌等功效。如川菜魔芋烧鸭子、安徽名菜魔芋烧鱼等都是美味佳肴。

● 魔芋

• 魔芋

葱 

葱又名大葱，为百合科葱属的草本植物。在东方烹调中，葱占有重要的角色。在东亚国家以及各处华人地区中，葱常作为一种很普遍的香料调味品或蔬菜食用，栽培地遍及中国。最著名的是山东章丘，某些品种可以长到2 m高，葱白长度1 m左右，味甜质厚，山东小吃“煎饼卷大葱”使用的就是章丘葱。台湾地区则以宜兰县三星乡所产的三星葱著称。相传神农尝百草找出葱后，便作为日常膳食的调味品，各种菜肴必加香葱而调和，故葱又有“和事草”的雅号。葱喜冷凉而湿润的气候，其生长适温为12～18 ℃，耐寒性强，冬季也可生长，一般大葱类耐热性较弱，而分葱和细香葱较耐热。根为线状须根，根群弱小，吸收能力不强。葱叶子圆筒形，中空，青色。葱可生吃，也可凉拌当小菜食用，作为调料，多用于荤、腥、膻以及其他有异味的菜肴、汤羹中，对没有异味的菜肴、汤羹也起增味增香作用，也有在做清汤面时，在面条熟后将切碎的葱末撒在面上。农历正月生长出来的葱，由于气层和土壤的关系，不再只是香料而是特殊的补品，它可以帮助身体机能的恢复，贫血、低血压、怕冷的人，应多吃正月葱，可以充分补给热量。常见菜肴有葱炖猪蹄、大葱红枣汤等，日本料理中，比如味噌汤，碎葱也是不可或缺的。需要注意的是葱不宜与蜂蜜共同内服，表虚多汗者忌食。

• 葱

芥菜（叶用芥菜）

• 芥菜

芥（jiè）菜在我国栽培历史悠久，多分布于长江以南各省，类型和品种很多，有芥子菜、叶用芥菜、茎用芥菜、苔用芥菜、芽用芥菜、根用芥菜等。平时所说的芥菜一般指叶用芥菜。叶用芥菜又称雪里蕻（hóng）、雪菜或辣菜，是十字花科芸苔属一年生或二年生草本植物，是中国著名的特产蔬菜，欧美各国极少栽培。芥菜的主侧根分布在约30 cm的土层内，茎为短缩茎。叶片着生短缩茎上，有椭圆、卵圆、倒卵圆、披针等形状。叶色绿、深绿、浅绿、黄绿、绿色间紫色或紫红。叶面平滑或皱缩。叶缘锯齿或波状，全缘或有深浅不同、大小不等的裂片。花冠十字形，黄色，4雄蕊，异花传粉，但自交也能结实。种子圆形或椭圆形，色泽红褐或红

● 肉芥菜（主要做酸菜）

色。芥菜以发达的叶片和叶柄供食用，一般以加工腌制为主，少数品种鲜食，其含有丰富的维生素A、维生素B、维生素C和维生素D，有提神醒脑、解除疲劳、解毒消肿的功效，因为芥菜腌制后有一种特殊鲜味和香味，还能促进胃、肠消化功能，增进食欲。芥菜主要用作配菜炒来吃，或煮成汤。另外，芥菜加茴香砂、甘草肉、桂姜粉腌制后，便成榨菜，也很美味。将芥叶连茎腌制，便是我们常见到的雪里蕻。注意芥菜不能生食，也不宜多食。

芹菜

小时候老人家就总叮嘱我们要多吃芹菜，这样人才能变得勤快，等到识字后才发现此“芹”非彼“勤”。“身材瘦瘦个儿高，叶儿细细披绿袍，别看样子像青蒿，香气扑鼻味儿好。”芹菜历来以香气取胜，也叫香芹、胡芹，为伞形花科植物芹菜的全草。芹菜根系分布很浅，直播的有主根，移栽后的主要根系分布在15～20 cm深的土层，横向分布30 cm左右。芹菜根系吸收面积较小，耐旱力较弱。芹菜的营养生长阶段缩短。在短缩茎的基部着生叶片，叶为奇数1～2回羽状复叶，小复叶为2～3对，叶色绿或深绿。叶柄发达，狭长，长30～80 cm，为主要食用部分。因品种不同，叶柄有黄绿、绿、深绿和白色等。叶柄表皮下有厚角组织，且有纵维管束。通常芹菜分为水芹和旱芹，水芹指生长在江、湖、

河中的芹菜，而我们经常食用的多为生长于平地的旱芹。旱芹营养十分丰富，据测定，100 g芹菜中含蛋白质2.2 g、钙8.5 mg、磷61 mg、铁8.5 mg，其中蛋白质含量比一般瓜果蔬菜高一倍，铁含量为番茄的20倍，芹菜中还含丰富的胡萝卜素和多种维生素。同时，芹菜具有一定药理和治疗价值，现代药理研究表明，芹菜具有降血压、降血脂的作用，由于它们的根、茎、叶和籽都可以当药用，故有“厨房里的药物”“药芹”之称。芹菜可炒，可拌，可熬，可煲，还可做成饮品。常见的菜肴有牛肉末炒芹菜、芹菜拌干丝、芹菜小汤等，选购芹菜时应挑选梗短而粗壮，菜叶翠绿而稀少者。需要注意的是芹菜不要和兔肉一起吃，否则会引起脱发，也不要和鸡肉一起吃，否则会伤元气。

• 芹菜

芹菜

蒜苗（大蒜的花茎）

蒜苗又叫蒜薹、蒜毫，是大蒜的花茎，为百合科葱属草本植物。蒜苗的辛辣味比大蒜要轻，加之它所具有的蒜香能增加菜肴的香味，因此更易被人们所接受。青蒜，有的地方也称其为蒜苗，是大蒜幼苗发育到一定时期的青苗，它具有蒜的香辣味道，但无蒜的刺激性，常被作为蔬菜烹制，更是川菜制作回锅肉时不可少的配菜。蒜苗中含有蛋白质、胡萝卜素、维生素B_1、维生素B_2等营养成分，它的辣味主要来自于其含有的辣素，其杀菌能力可达到青霉素的1/10，对病原菌和寄生虫都有良好的杀灭作用，这种辣素具有醒脾气、消积食的作用，还有良好的杀菌、抑菌作用，能有效预防流感、肠炎等因环境污染引起的疾病。蒜苗对于心脑血管有一定的保护作用，可预防血栓的形成，同时还能保护肝脏，诱导肝细胞脱毒

• 蒜苗

酶的活性，可以阻断亚硝胺致癌物质的合成，对预防癌症有一定的作用。常见菜肴有蒜苗回锅肉、蒜苗五花肉、蒜苗炒蛋等。需要注意的是蒜苗不宜烹制得过烂，以免辣素被破坏，杀菌作用降低；消化功能不佳的人宜少吃。

大白菜 

大白菜又叫结球白菜，是我国的特产，大白菜古时又叫菘，有“菜中之王”的美名，为十字花科芸薹属植物，原产于我国北方，引种南方，南北各地均有栽培。大白菜根系发达，主要分布在30 cm表土层中，茎为变态的短缩茎，顶端抽生花茎。叶片宽大，多数有毛，分为外叶和球叶。外叶绿色或深绿色，是进行光合作用

• 大白菜

的器官；球叶淡绿色或白色，为养分的储藏器官。叶球扁圆形到长筒形，因品种而异。总状花序，花瓣4枚，呈十字形，黄色，有蜜腺。虫媒花，异花授粉。果实为角果。种子圆形微扁，红褐色至灰褐色。大白菜含有丰富的钙，比番茄高5倍，比黄瓜高1.9倍；抗坏血酸（维生素C）比黄瓜高4倍，比番茄高1.4倍；胡萝卜素比黄瓜高1.8倍，是预防癌症、糖尿病和肥胖症的健康食品。大白菜的吃法很多，可取菜心横切加酱油、醋、香油凉拌生吃，也可炒、煨、熘等熟吃。在我国北方的冬季，大白菜更是餐桌上必不可少的菜肴，故有“冬日白菜美如笋”之说，常见菜肴有醋熘白菜、清水白菜等。需要注意的是忌食隔夜的熟白菜和未腌透的大白菜，气虚胃寒的人忌多吃。

油菜

金灿灿的油菜花总是吸引着人们的眼球，而油菜也是我们餐桌上的常客。油菜又叫芸薹、寒菜、胡菜、苦菜，为十字花科芸薹属植物，中国和印度是世界上栽培油菜最古老的国家。北方小油菜原产于我国西部，分布于我国的西北、华北、内蒙古及长江流域各省（区），世界各地也有广泛分布。油菜直根系，茎直立，分枝较少，株高30～90 cm。叶互生，分基生叶和茎生叶两种。基生叶不发达，匍匐生长，椭圆形，长10～20 cm，有叶柄，大头羽状分裂，顶生裂片圆形或卵形，侧生琴状裂片5对，密被刺毛，有蜡粉。长角果条形，长3～8 cm，宽

• 油菜

2～3 mm，先端有长9～24 mm的喙，果梗长3～15 mm。油菜中含有丰富的钙、铁和维生素C，胡萝卜素也很丰富，是人体黏膜及上皮组织维持生长的重要营养源，对于抵御皮肤过度角化大有裨益，还有促进血液循环、散血消肿、明目的作用。此外，油菜籽可榨取食用油，榨油后的油饼可用作饲料，在食品工业中还可制作人造奶油、人造蛋白等。常见菜肴有清炒油菜、油菜炒虾仁、凉拌油菜等。需要注意的是油菜为发物，产后、痧痘和有慢性病者应少食。

• 油菜

韭菜

韭菜又名韭、山韭、丰本、扁菜、草钟乳、起阳草，自古是人们喜爱的蔬中之荤，菜之美者，为百合科葱属多年生宿根蔬菜，广泛分布在全国各地。韭菜的根为弦状根，它的着生位置，在一年生的植株上（即在播种的当年）着生在鳞茎的茎盘基部。从生长的第二年开始，茎盘基部不断向上增生，逐渐形成根状茎。鳞茎着生在根状茎上，新的须根着生在茎盘及根状茎一侧。韭菜的叶扁平，呈带状，由叶鞘（假茎）即韭菜杆子和叶身两部分组成。韭菜，在北方是过年包饺子的主角，其颜色碧绿、味道浓郁，无论用于制作荤菜还是素菜，都十分提味。韭菜的吃法，民间菜式花样多多，南方人喜欢用韭菜煲汤做粥，北方人则喜欢用韭菜做馅，多用来包水饺或者制作其他馅料菜式。比如，著名的“三鲜水饺”，荤三鲜是猪肉、海米和韭菜混合成馅，素三鲜是豆腐、粉丝和韭菜混合成馅。常见的菜肴有韭菜炒鸡蛋、豆腐炒韭菜等。选购韭菜以叶直、鲜嫩翠绿为佳。消化不良或肠胃功能较弱的人吃韭菜容易烧心，不宜多吃。

• 韭菜

韭菜

莴笋

莴笋又名莴苣笋、青笋，为菊科莴苣属植物，原产于我国华中或华北地区。莴笋直根系，移植后发生多数侧根，浅而密集，主要分布在20～30 cm土层中，短缩茎随植株生长逐渐伸长和加粗，茎端分化花芽后，在花茎伸长的同时茎加粗生长，形成棒状肉质嫩茎。地上茎可供食用，茎皮白绿色，茎肉质脆嫩，幼嫩茎翠绿，成熟后转为白绿色。莴笋有春笋与秋笋之分，而以春笋的质量为最佳。莴笋的营养价值很丰富，含有蛋白质、脂肪、糖类、维生素A、维生素B_1、维生素C、钙、磷、铁、钾、镁、硅等成分，可增进骨骼、毛发、皮肤的发育，有助于人的生长发育。莴笋茎、叶都有食用价值，而莴笋叶要比茎的营养价值高。莴笋肉质细嫩，生吃热炒均相宜，莴笋生食，味如瓜菜，凉拌为食，爽脆宜人。莴笋中的钾是钠的27倍，常吃莴笋可增强胃液和消化液的分泌，对高血压和心脏病患者大有裨益。常见的菜肴有凉拌莴笋、莴笋炒肉丝等。莴笋怕咸，盐要少放才好吃。莴笋中的某种物质对视神经有刺激作用，因此有眼疾，特别是夜盲症的人不宜多食。

• 莴笋

生菜

生菜又名叶用莴苣，为菊科莴苣属一年生或二年生草本作物，菜即叶用莴笋，因适宜生食而得名，质地脆嫩，口感鲜嫩清香。生菜按叶片的色泽区分有绿生菜、紫生菜两种；按叶的生长状态区分，则有散叶生菜、结球生菜两种，前者叶片散生，后者叶片抱合成球状，也是欧、美国家的大众蔬菜，深受人们喜爱。生菜原产于欧洲地中海沿岸，由野生种驯化而来，古希腊人、罗马人最早食用。生菜富含水分，每100 g食用部分含水分高达94%～96%，故生食清脆爽口，特别鲜嫩。生菜还含有莴苣素，具清热、消炎、催眠作用。由于生菜含热量低，在崇尚形体苗条的当今世界备受人们喜爱。生菜的主要食用方法是生食，为西餐蔬菜色拉的当家菜。用

• 生菜

叶片包裹牛排、猪排或猪油炒饭，也是一种广为应用的食用法。另外，肉、家禽等荤性浓汤里，待上餐桌前放入生菜，沸滚后迅即出锅，也不失为上等汤菜。生菜含有丰富的营养成分，其纤维和维生素C比白菜多，有消除多余脂肪的作用。生菜除生吃、清炒外，还能与蒜蓉、蚝油、豆腐、菌菇同炒，不同的搭配，生菜所发挥的功效是不一样的。清炒生菜具有生菜本身具备的功效，如镇痛催眠、降低胆固醇、辅助治疗神经衰弱、利尿、促进血液循环、抗病毒等。蒜蓉生菜除了具有清炒生菜的功效外，还有杀菌、消炎和降血糖的作用，甚至还可以补脑。生菜含有丰富的维生素，具有防止牙龈出血以及维生素C缺乏等功效。生菜与营养丰富的豆腐搭配食用，则是一种高蛋白、低脂肪、低胆固醇、多维生素的菜肴，具有清肝利胆、滋阴补肾、增白皮肤、减肥健美的作用。

• 生菜

菠菜

• 菠菜

菠菜又名菠棱、赤根菜、波斯草，古代中国人称之为“红嘴绿鹦哥”，为藜科菠菜属一年生或二年生草本植物，原产于伊朗。菠菜主根发达，茎粗大，上部呈紫红色，味甜可食。侧根不发达，不适宜移栽。主要根群分布在25～30 cm的土层中。叶着生在短缩茎上，在适宜条件下发生较多的分蘖。叶戟形或卵形，色浓绿，质软；叶柄较长，淡绿或略带微红色，叶是主要的食用部分。抽苔后茎伸长，花茎上的叶小。花茎幼嫩时也可食用。菠菜属耐寒性蔬菜，长日照植物。《本草纲目》中认为，食用菠菜可以“通血脉，开胸膈，下气调中，止渴润燥”，古代阿拉伯人也称它为“蔬菜之王”。菠菜不仅含有大量的β-胡萝卜素和铁，也是维生素B_6、叶酸、铁和钾的极佳来源，除以鲜菜食用外，还可脱水制干和速冻。

选菠菜以菜梗红短，叶子新鲜有弹性的为佳。常见菜肴有菠菜猪血汤、菠菜拌藕片等。需要注意的是菠菜所含草酸与钙盐能结合成草酸钙结晶，使肾炎病人的尿色混浊，管型及盐类结晶增多，故肾炎和肾结石者不宜食。

香菜

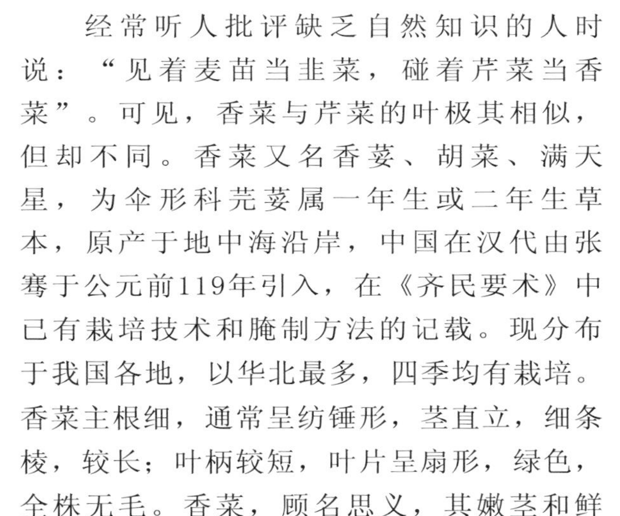

● 香菜

经常听人批评缺乏自然知识的人时说："见着麦苗当韭菜，碰着芹菜当香菜"。可见，香菜与芹菜的叶极其相似，但却不同。香菜又名香荽、胡菜、满天星，为伞形科芫荽属一年生或二年生草本，原产于地中海沿岸，中国在汉代由张骞于公元前119年引入，在《齐民要术》中已有栽培技术和腌制方法的记载。现分布于我国各地，以华北最多，四季均有栽培。香菜主根细，通常呈纺锤形，茎直立，细条棱，较长；叶柄较短，叶片呈扇形，绿色，全株无毛。香菜，顾名思义，其嫩茎和鲜叶具有特殊香味，常用作菜肴的提味，如做鱼时放些香菜，鱼腥味便会淡化许多，如中国典故名菜——"金蝉脱壳"中香菜就是必不可少的材料之一。现在，香菜已不单纯做"配角"，"鱼香肉丝""盐水香菜"里，香菜是名副其实的主料之一。常见菜肴有香菜梗炒肚丝、凉拌香菜等。香菜辛温香窜，内通心脾，外达四肢，辟一切不正之气，有温中健胃的作用，但需要注意的是香菜虽味美，但不宜多食或经常食用，因香菜味辛能散，多食或久食，会耗气，损精神。

空心菜

空心菜又名蕹菜、竹叶菜、藤菜，为旋花科甘薯属草本植物，我国长江流域及以南至广东均有栽培。空心菜须根系，根浅，再生力强。旱生类型茎节短，茎扁圆或近圆，中空，浓绿至浅绿。水生类型节间长，节上易生不定根，适于扦插繁殖。子叶对生，马蹄形，真叶互生，长卵形，呈心脏形或披针形，全缘，叶面光滑，浓绿，具叶柄。据科学研究，空心菜所含营养成分之多，且全面，在蔬菜中是出类拔萃的，空心菜是药食兼用的，连根都有用处。空心菜性味甘凉，全草入药，有清热、解毒、凉血、利尿的功效，可治疗多种热性疾病。在空心菜的嫩梢中，钙含量比西红柿高12倍多，并含有较多的胡萝卜素。作为蔬菜，空心菜可凉拌、炝炒、做汤，味美可口，营养丰富。空心菜中的叶绿素有“绿色精灵”之称，可洁齿防龋除口臭，健美皮肤，堪称美容佳品，其粗纤维素的含量较丰富，这种

• 空心菜

食用纤维由纤维素、半纤维素、木质素、胶浆及果胶等组成，具有促进肠蠕动、通便解毒的作用。选空心菜时，最好挑选茎叶比较完整、新鲜细嫩、不长须根的。此外，空心菜买回后，很容易因为失水而发软、枯萎，炒菜前将它在清水中浸泡约半小时，就可以恢复鲜嫩、翠绿的质感。吃空心菜的时候要注意，它属于性寒、滑利的食物，因此体质虚弱、脾胃虚寒、腹泻的人不宜多食。

芥蓝

芥蓝又名玉蔓菁、苤蓝，为十字花科芸薹属甘蓝类蔬菜，原产于我国南方，栽培历史悠久，以两广、福建栽培为多。浅根系，再生能力较强，根群主要分布在15～20 cm的表土层。叶互生，广卵圆形，具较长的叶柄，叶色暗或浅灰绿色，具蜡粉，较厚。花苔肉质、绿色。主花苔采收后，侧芽又可萌发出侧苔。花白色或黄色，因品种而异。种子近圆形，褐色至黑褐色。芥蓝中含有有机碱，使它带有一定的苦味，能刺激人的味觉神经，增进食欲，还可加快胃肠蠕动，有助消化。芥蓝的食用部分为带叶的菜苔，因为芥蓝含淀粉多，所以口感不如菜心柔软，但十分爽脆，别有风味。由于叶色翠绿，芥蓝已经成为宴席上的一道很受欢迎的菜色，在广东、广西、福建等南方地区是一种很受人们喜爱的家常菜，更是畅销东南亚及我国港澳地区的出口菜。芥蓝的菜苔柔嫩、鲜脆、清甜、味鲜美，可炒食、汤食，或作配菜。芥蓝的花苔和嫩叶品质脆嫩，清淡爽脆，爽而不硬，脆而不韧，以炒食最佳，如芥蓝炒牛肉、炒腰花、双鲜扒芥蓝等。

• 芥蓝

• 芥蓝

蕨菜

蕨菜又名龙头菜、如意菜、拳头菜，为凤尾蕨科凤尾蕨属多年生草本植物，喜生于浅山区向阳地块，分布很广，西北、华北、东北、西南各省山坡林下草地都有生长，尤以内蒙古、辽宁和河北承德所产的最有名。蕨菜一般株高达1 m，根状长而横走，有黑褐色绒毛，早春新生叶拳卷，呈三叉状。柄叶鲜嫩，上披白色绒毛，此时为采集期。叶柄长30～100 cm，叶片呈三角形，长60～150 cm，宽30～60 cm，2～3次羽状分裂，下部羽片对生，褐色孢子囊群连续着生于叶片边缘，有双重囊群盖。食用蕨菜始见载于《诗经》："陟坡南山，言采其蕨。"古有伯夷、叔齐不食周粟，采蕨薇于首阳山的故事，因此后世以采蕨薇作为清高隐逸的象征。蕨菜的营养价值很高，食用方法大体分3种：鲜食、腌制和干制。用它所烹制的菜肴色泽红润、质地软嫩、清香味浓，而且富含氨基酸、多种维生素、微量元素，被称为"山菜之王"，是不可多得的野菜美味。蕨菜虽可鲜食，但较难以保存，因此市场上常见其腌制品或干品。常见的菜肴有凉拌蕨菜、肉丝蕨菜、海米炒蕨菜等。

• 蕨菜

香菇

香菇又名香蕈（xùn）、椎耳、香信、冬菰、厚菇、花菇，是伞菌目口蘑科香菇属植物，世界第二大食用菌，栽培始源于中国，主产于浙江、福建、江西、安徽、广西、广东等地，其中以福建产量最多，安徽、江西的质量最好。香菇子实体单生、丛生或群生。菌盖圆形，通常5～10 cm，有时达20 cm，表面茶褐色、暗褐色，中部往往有深色鳞片，而边缘常有灰白色毛状或絮状鳞片。幼时边缘内卷，有白色或黄白色的绒毛，随着生长而消失，菌盖下面有菌幕，后破裂，形成不完整的菌环。老熟后盖缘反卷，开裂。菌褶弯生、白色，菌柄中生或偏生，内实，菌环以上部分白色，菌环以下部分褐色。香菇营养丰富，味道鲜美，自古被誉称“蘑菇皇后”，是益寿延年的上品，在民间素有“山珍”之称，是人们重要的食用、药用和调味品。因香菇中富含谷氨酸以及一般食品罕见的一些氨基酸，故而口味鲜美。香菇宜荤宜素，是烹制珍馔佳肴的绝好原料，既可作主料，又可用作配料，适宜于卤、拌、炝、炒、烹、炸、煎、烧等多种烹调方法，因此可用香菇做出许多美味可口的菜肴，主要用于配制高级荤菜和冷拼、食疗菜肴。我国近百种名菜的配料都有香菇，特别是在国外的中国餐馆更是把香菇列为必不可少的铺料，如徽州名菜香菇火腿蒸鳕鱼、浙菜香菇烧菜心等。

● 香菇

• 香菇

蘑菇（食用蘑菇）

蘑菇学名为双孢（bāo）蘑菇，属蘑菇科蘑菇属植物，是世界食用菌生产中最大的一个菇种，分布地域较广泛。目前在全世界食用最多的通称为蘑菇，世界蘑菇的产量以美国最多，现国内普遍栽培。蘑菇是由菌丝体和子实体两部分组成，菌丝体是营养器官，子实体是繁殖器官。平常叫作蘑菇的是真菌中的一类，即担子菌的子实体。子实体是担子菌长出地面的地上部分，成熟时很像一把撑开的小伞，由菌盖、菌柄、菌褶、菌环、假菌根等部分组成。菌盖宽5～12 cm，初半球形，后平展；表面光滑，不黏；白色，略干渐变淡黄色。菌肉白色，厚，受伤时略变淡红色。菌褶离生，密，不等长，初粉红色，后变褐色至黑褐色。菌柄与菌盖的盖面同色，光

• 蘑菇

扁豆

● 扁豆

扁豆又名羊眼豆、茶豆、树豆等，为豆科扁豆属的一个栽培种，一年生缠绕草本。三出复叶，先生小叶菱状广卵形，侧生小叶斜菱状广卵形，长6～11 cm，宽4.5～10.5 cm，顶端短尖或渐尖，两面沿叶脉处有白色短柔毛。总状花序腋生，花2～4朵丛生于花序轴的节上。花冠白色或紫红色，子房有绢毛，基部有腺体，花柱近顶端有白色髯毛。荚果扁，镰刀形或半椭圆形，长5～7 cm，种子3～5颗，白色或紫黑色。花果期7—10月。江苏及全国各地普遍栽培。扁豆的营养成分相当丰富，包括蛋白质、脂肪、糖类、钙、磷、铁及食物纤维、维A原、维生素B_1、维生素B_2、维生素C和氰甙、酪氨酸酶等，经常食用能健脾胃、增进食欲，是餐桌上的常见蔬菜之一。现代营养学认为，扁豆中含有多种维生素，其中的维生素A能促进视网膜内视紫质的合成或再生，维持正常视力。扁豆无论单独清炒，还是和肉类同炖，亦或是焯熟凉拌都符合人们的口味，常见菜肴有粤菜扁豆薏米炖鸡脚、四川名菜椒油扁豆、姜汁扁豆、扁豆番茄焖香菇等。需要注意的是烹煮时间宜长不宜短，要保证扁豆熟透。患寒热病者不可食。

• 扁豆

毛豆

毛豆，茎粗硬而有细毛，它的荚作扁平形，荚上也有细毛，因此称其为毛豆，为豆科大豆属一年生的农作物。新鲜时，豆荚嫩绿色，青翠可爱。在东北、华北、陕、川及长江下游地区均有出产，长江流域及西南地区栽培较多，以东北大豆质量最优。毛豆富含不饱和脂肪酸和大豆磷脂，有保持血管弹性、健脑和防止脂肪肝形成的作用；同时毛豆还富含抗癌成分，对癌症有抑制作用。毛豆营养丰富：每100 g铁含量为3.5 mg，远高于荷兰豆（0.9 mg）、四季豆（1.5 mg）、豌豆（1.7 mg）、芸豆（1.0 mg）、豇豆（0.5 mg）、龙豆（1.3 mg），而且易于吸收，可以作为儿童补充铁的食物之一；锌含量为1.73 mg，超过1 mg的鲜豆类蔬菜只有豌豆（1.29 mg）和芸豆（1.04 mg）。铁与锌都是与智力密切相关的营养元素，加上毛豆口味又好，属于可以玩着吃的食物，十分适合孩子。毛豆是人们夏季喜食的蔬菜，在日常家中、餐馆酒楼都能看到煮毛豆，下酒、白嘴吃都十分可口。常见菜肴有榨菜肉丝毛豆、煮毛豆、凉拌毛豆等。吃毛豆要有数，尽管毛豆营养丰富，但毛豆不可敞开吃，因为在消化吸收过程中会产生过多的气体造成胀肚，故消化功能不良、有慢性消化道疾病的人应尽量少食。

• 毛豆

豌豆

• 豌豆

豌豆又名麦豆、寒豆，属豆科豌豆属植物，起源于亚洲西部、地中海地区和埃塞俄比亚、小亚细亚西部，因其适应性很强，在全世界的地理分布很广，在我国各地均有栽培，主要产区有四川、河南、湖北、江苏、青海等十多个省区。豌豆分为茎矮性或蔓性：矮性高仅30 cm左右，蔓性种株高1～2 m，茎圆而中空易折断。出苗时子叶不出土。羽状复叶，小叶4～6枚，先端有卷须，能攀缠它物。花单生或对生于腋处。荚果扁而长，有硬荚和软荚之分。种子有圆粒（光滑）和皱粒两种粒型，颜色有黄、白、紫、黄绿、灰褐色等。豌豆性味甘平，有和中下气、利小便、解疮毒的功效，还有除去皮肤表面的油脂，适合油质皮肤的青年女性食用，让女性的皮肤

变得有光泽。豌豆还是一种营养性食品，特别是含铜、铬等微量元素较多，铜有利于造血以及骨骼和脑的发育；铬有利于糖和脂肪的代谢，能维持胰岛素的正常功能。豌豆既可作蔬菜炒食，子实成熟后又可磨成豌豆面粉食用。因豌豆豆粒圆润鲜绿，十分好看，也常被用来作为配菜，以增加菜肴的色彩，促进食欲。我国中原各地流传着立夏要吃糯米豌豆饭的习俗，据说与当年诸葛亮七擒孟获的故事有关，其中豌豆就是主要的材料之一。需要注意的是豌豆粒多食会发生腹胀，故不宜长期大量食用。

豇豆

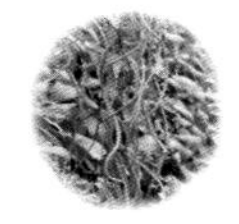

豇豆又名豆角、筷豆等，为豆科豇豆属植物，原产于亚洲东南部，我国自古就有栽培，尤以南方普遍种植。茎有矮性、半蔓性和蔓性3种。南方栽培以蔓性为主，矮性次之。叶为三出复叶，自叶腋抽生20～25 cm长的花梗，先端着生2～4对花，淡紫色或黄色，一般只结两荚，荚果细长，因品种而异，长30～70 cm，色泽有深绿、淡绿、红紫或赤斑等。豇豆分为长豇豆和饭豇豆两种，长豇豆一般作为蔬菜食用，既可热炒，又可焯水后凉拌；饭豇豆一般作为粮食煮粥、制作豆沙馅食用。李时珍称“此豆可菜、可果、可谷，备用最好，乃豆中之上品”。阿拉伯人常把豇豆当作爱情的象征，小伙子向姑娘求婚，总要带上一把豇豆，新娘子到男家，嫁妆里也少不了豇豆。豇豆提供了易于消化吸收的优质蛋白质，适量的碳水化合物及多种维生素、微量元

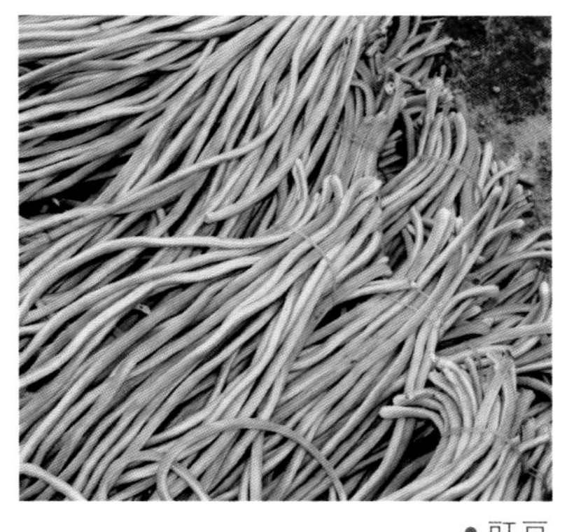

• 豇豆

素等，可补充机体的招牌营养素。常见的菜肴有凉拌豇豆、狗肉炖豇豆等。需要注意的是长豇豆烹调时间不宜过长，以免造成营养损失。饭豇豆作为粮食，与粳米一起煮粥最适宜，一次不要吃太多，以免产气胀肚。

• 豇豆

四季豆

● 四季豆

四季豆又名梅豆角、芸扁豆、芸豆、六月鲜等，广东人又称其为菜豆、玉豆或龙牙豆，为豆科菜豆属一年生缠绕草本植物扁豆的种子。四季豆呈灰绿色，毛短而柔，长10～15 cm，宽约1 cm，豆粒呈球形或矩圆形，白色、褐色、蓝黑或蜂红色，光亮，有花斑，长约1.5 cm，是老百姓餐桌上十分常见的蔬菜之一。四季豆富含蛋白质和多种氨基酸，常食可健脾胃，增进食欲。四季豆种子可激活肿瘤病人的淋巴细胞，产生免疫抗体，对癌细胞有非常特异的伤害与抑制作用，即有抗肿瘤作用。此外，四季豆还是美肤专家：多吃四季豆可滋五脉、补血、补肝、明目，能帮助肠胃吸收，防止脚气，亦可令肌肤保持光泽美丽。四季豆无论单独清炒，还是和肉类同炖，亦或是焯熟凉拌都很符合人们的口味。常见菜肴有干煸四季豆、四季豆焖饭。需要注意的是烹调前应将豆筋摘除，否则既影响口感，又不易消化，烹煮时间宜长不宜短，要保证四季豆熟透，否则会发生中毒。

茴香

• 茴香

茴香又名怀香、香丝菜，双子叶植物纲，为伞形科茴香属植物，多年生草本，原产于地中海地区，我国各地普遍栽培，适应性较强。茴香具特殊香辛味，表面有白粉，叶羽状分裂，裂片线形。夏季开黄色花，复伞形花序。果椭圆形，黄绿色，其香气主要来自茴香脑、茴香醛等香味物质。茴香的主要成分是茴香油，能刺激胃肠神经血管，促进消化液分泌，增加胃肠蠕动，有健胃、行气的功效，有助于缓解痉挛、减轻疼痛。茴香烯能促进骨髓细胞成熟并释放入外周血液，有明显的增加白细胞的作用，主要是增加中性粒细胞，可用于白细胞减少症。其果实作香料用，亦供药用，根、叶、全草均可入药，是集医药、调味、食用、化妆于一身的多用植物，

常用于肉类、海鲜及烧饼等面食的烹调。此外，茴香菜熟食或泡酒饮服，可行气、散寒、止痛，茴香苗叶生捣取汁饮或外敷，可治恶毒痈肿。常见菜肴有桃仁茴香菜、茴香饼等。需要注意的是阴虚火旺者不宜食用，多食会伤目、长疮；发霉茴香勿吃；茴香菜做馅应先用开水焯过。

榆钱

• 榆钱

榆钱又名榆实、榆子、榆仁、榆荚仁，为榆科榆属，是植物榆树的果实或种子。由于它是“余钱”的谐音，因而就有吃了榆钱可以有“余钱”的说法。榆钱香味甜绵厚实，自古就有食用它的习惯，明朱棣《救荒本草》中载：“采肥嫩榆叶煠熟，水浸淘净，油盐调食，其榆钱煮靡羹食佳。”当今敦煌地区，民间虽未用榆钱做酱，但仍有采摘榆钱蒸熟吃的风俗。每年4月初，是榆钱成熟的时候，家家户户采摘一篮青榆钱，筛选干净，再用清水淘洗，沥干，拌面粉蒸熟食用。榆钱果实中含有大量水分、烟酸、抗坏血酸及无机盐等，榆钱不仅营养丰富，而且是很好的防病保健良药。中医认为：多食榆钱可助消化、防便秘；榆钱具有通淋、消除湿热等功效，外用可治疗疮癣等顽症。医书也称榆钱有补肺、止渴、敛心肺之神效。《食疗本草》中对榆钱的食疗作用记载较详：“榆钱性稍辛，能助肺气，杀诸虫，下气，令人能食，又心腹间恶气，内消之。陈滓者久服尤良。”有清热安神之效，可治疗神经衰弱、失眠，具有清心降火、止咳化痰的功效。在民间，榆钱的吃法有很多种，可以生吃，可以煮粥，可以笼蒸，也可以做馅。常见菜肴有糖拌榆钱、榆钱炒肉片、榆钱蒸菜、榆钱铺蛋汤等。

• 榆钱

枸杞菜

● 枸杞菜

枸杞菜又名枸杞头、枸芽子、甜菜头，即枸杞的嫩梢、嫩叶，为茄科枸杞属落叶灌木植物。宁夏枸杞菜多分枝，通常有棘刺，作为栽培食用最多的是华南地区的广东、台湾和广西等地。枸杞菜与枸杞还有不同的地方，比如枸杞开花，而枸杞菜是不开花的；枸杞能够长成树，枸杞菜只能长到六七十厘米高。枸杞菜食用从古就有，《红楼梦》里薛宝钗喜吃“油盐炒枸杞芽”，也是大观园姑娘们的美容菜。枸杞菜含有维生素B_1、维生素C及大量的叶绿素和云香戒，具有除烦宁神、清热散疮、平肝清肺热、健体抗衰老的功效。枸杞菜含甜菜碱、芳香甙、维生素C、多种氨基酸、胡萝卜素、核黄素、尼克酸等，可间接增强免疫力，因此是极好的保健食品。现代药理实验证明，长期服用枸杞子可增强人体免疫力，并且抑制癌细胞生长及明显的增血功能。枸杞菜的食用方法很多，可炒、炸、做汤，具有滋阴润燥、清热明目的功效。常见菜肴有枸杞炒猪心、枸杞炒里脊片等，需要注意的是服用枸杞菜时要暂停吃牛乳和其他乳制品。

茼蒿

茼蒿又名“蓬蒿”，由于它的花很像野菊，又名菊花菜，为菊科茼蒿属一年生或二年生草本植物，叶互生，长形羽状分裂，花黄色或白色，瘦果有棱，高二三尺，茎叶嫩时可食，亦可入药，茼蒿属浅根性蔬菜，根系分布在土壤表层。茎圆形，绿色，有蒿味，叶长形，半裂或深裂，叶肉厚。头状花序，花黄色，瘦果，褐色。《本草纲目》记载：茼蒿“安心气，养脾胃，消痰饮，利肠胃。”茼蒿的茎和叶可以同食，有蒿之清气、菊之甘香，鲜香嫩脆的赞誉，一般营养成分无所不备，尤其胡萝卜素的含量超过一般蔬菜，为黄瓜、茄子含量的1.5～30倍。茼蒿的根、茎、叶、花都可做药，有清血、养心、降压、润肺、清痰的功效。茼蒿中还含有特殊香味的挥发油，幼苗或嫩茎叶供生炒、凉拌、做汤，有助于宽中理

• 茼蒿

气，消食开胃，增加食欲。欧洲将茼蒿作花坛花卉。常见菜肴有茼蒿炒猪心、拌茼蒿、茼蒿豆腐等。需要注意的是茼蒿辛香滑利，胃虚泄泻者不宜多食。

秋槐

秋槐又名国槐，为豆科槐属，唐代李涛有诗说“落日长安道，秋槐满地花”，指的就是这种槐。槐花也可入药，但在乡村，通常还是作菜蔬肴。还有一种叫刺槐，不是中国土产，原产于北美，20世纪初才传入中国，算移民，因此又名洋槐。洋槐，在中国的古代诗词和医书中是找不到的。刺槐开花在春末夏初，但国槐开花要等到盛夏，比刺槐晚得多，而且花期长达3个月，一直开到秋凉。槐花的制法多种多样，如炒槐花、蜜槐花、醋槐花等，但民间吃法大多采用蒸法，即蒸槐花。作为佳肴，槐花却以未开者为最佳，未开，也即槐花的花蕾呈卵状或椭圆状，因状如米粒，俗称“槐米”。槐花也可入药，有凉血止血、清肝明目功用。除了充饥和入药，槐花还有美容的功效，槐花性凉味苦，有清热凉血、清肝泻火、止血的作用，所含的芦丁、槲皮素、槐二醇、维生素A等物质，能改善毛细血管的功能，保持毛细血管正常的抵抗力，防止因毛细血管脆性过大、渗透性过高引起的出血、高血压、糖尿病，服之可预防出血。常见菜肴有槐花柏叶丹皮粥、槐花熘菜等。

● 秋槐

• 秋槐